亲亲**历史**图书馆

生 命
从大爆炸到今天

[法]史黛芬妮·勒迪/文

[法]卡洛琳娜·于埃/图

陈邻竹/译

北京时代华文书局

瞧！下面的场景在你眼中似乎平平常常，根本没有什么奇特的地方……可是你要知道：无论你在哪里，你的周围都是由生命所创造的，或是由生命经过几百万年甚至几十亿年的进化而来的。这是不是让人难以置信？

世界上第一颗硬壳卵，诞生于3亿多年前。这是一个超级大的进步，让动物们能够离开水，到陆地上生活。

这些是哺乳动物。哺乳动物的幼崽都是在妈妈肚子的庇护中慢慢长大的。这种繁衍生命的方式可以追溯到 1 亿年前。

所有"活着的东西"都是由细胞构成的。细胞就像一些紧密排列着的微型砖块。地球上最早的生命，可以追溯到 36 亿年前。

就跟这头野猪一样，所有的生命都会在某一天死去，为后代们留出生存的空间。

而你呢，就属于智人这个动物物种。智人是目前主宰地球的物种，也是唯一有能力阅读这本书的物种——因为智人有着发达的大脑！

我们是怎样了解到地球和生命的历史的呢？其实是通过研究岩石和化石。化石，是埋藏在地层里的古生物遗体或生活痕迹，经过地质作用，变成的跟石头一样的东西。

在这个动物园里，生活着 150 个动物物种。而在我们的地球上，生活着比这里多得多的动物——约有 900 万种，其中大部分的动物仍等待我们去发现和认识。

黑猩猩和人真像！这并不奇怪，人类和黑猩猩是表亲。在很久很久以前，我们有着共同的祖先。

现在，请你翻过这一页，让我们一起跳回到很久很久以前！

生命的故事开始于很久很久以前。那时候，什么都没有：没有地球，没有太阳，也没有宇宙。甚至，连时间都不存在！

这是非常难以想象的，连科学家也不知道该如何解释这种状态。没有物质，没有能量——绝对虚无！

突然，在137亿年前，发生了一次巨大的爆炸。
我们把它叫做宇宙大爆炸。

在这之前，宇宙比一粒沙还要小。但就在这一瞬间，它的温度却高得难以想象。它开始以疯狂的速度膨胀，就像一只被充胀的气球！很快，温度达到了1亿亿亿亿摄氏度。

又过了很久，大爆炸产生的气体云之间互相吸引，
形成了星系。在宇宙中，存在着上千亿个星系……

星系是一个包含着恒星、尘埃和各
种气体的系统，这些物质都围绕着一个
星系中心运转着。

太阳

这个漩涡形状的星系，就是银河系。在银河系的
2340 亿颗恒星之中，有一颗就是我们的太阳！

围绕着太阳运转的碎石、尘埃和气体，相互碰撞、相互凝集，最终形成一些巨大的球体：行星。46亿年前，地球就是这样诞生的。

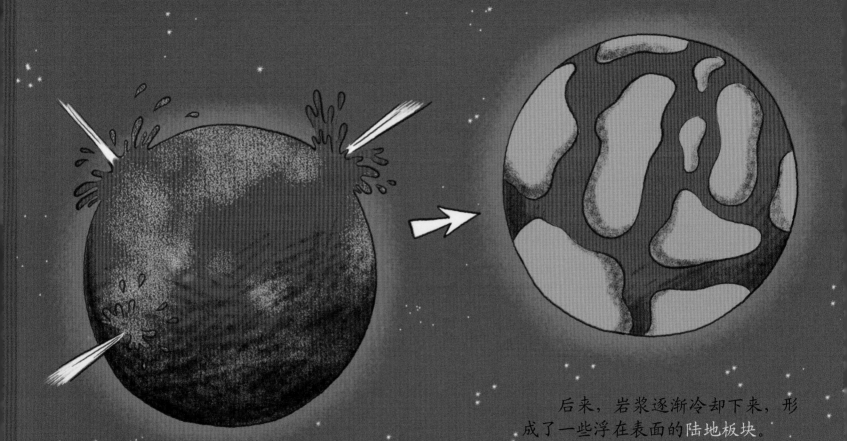

后来，岩浆逐渐冷却下来，形成了一些浮在表面的陆地板块。

在滚烫炽热的熔岩运动和大量的陨石撞击下，形成了地球的雏形。

再后来，地球被一层地壳所覆盖。
地球表面到处都是火山，它们不停地喷
吐着气体！

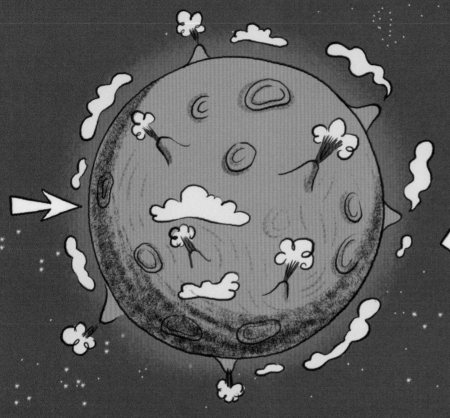

大气中的水蒸气形成了云。然
后下了很大很大、很久很久的雨，
创造出了广阔无边的海洋。这些雨
水在地球上流淌至今……

大约10亿年后，一件不可思议的事情发生了：生命出现了！
生命是如何起源的？科学家们有好几种观点……

观点 1

观点 2

观点 3

闪电猛烈地击打海面，发生的化学反应生成了细菌。它们是有生命的微小的泡泡。

细菌来自太空，它们附着在陨石上，并随着陨石一起坠落到地球上。

细菌最早出现在海底的"黑烟囱"周围。黑烟囱就是海底热泉的喷溢口。

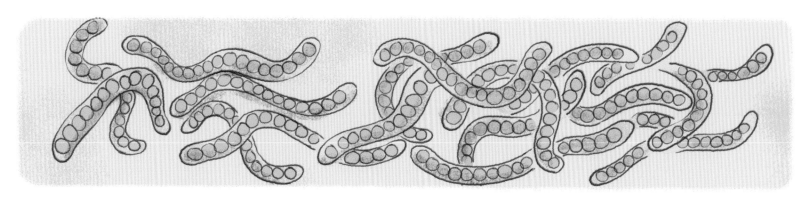

后来，细菌聚集形成一种链条状的生物，叫做蓝藻。它们在生长过程中会释放出氧气——就是此时此刻让你维持着呼吸的气体！

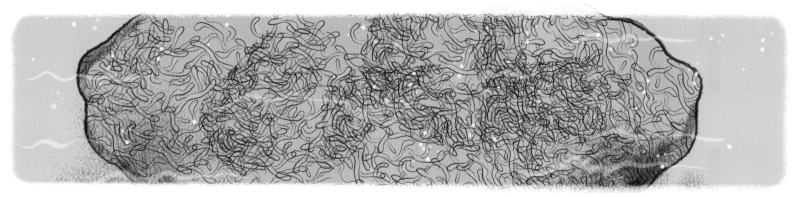

在生长的同时，蓝藻还会排出一些小石子，它们沉淀下来，形成一些体积较大的岩石，叫做叠层石。

蓝藻是地球上最早的居民。这些就是由蓝藻形成的叠层石。如果你去澳大利亚，还能看见这样的叠层石！

又过了 30 亿年，其他的生命形式出现了。这就是
5 亿 7000 万年前，各种生命的样子……

这些小小的软体动物，你用一只
手就能抓住。它们是最早的能用肉眼
看到的动物！

　　紧接着，我们来到 5 亿 1000 万年前。海绵动物、甲壳动物和贝壳动物，都出现在这个时期。它们的后代一直繁衍存活至今。

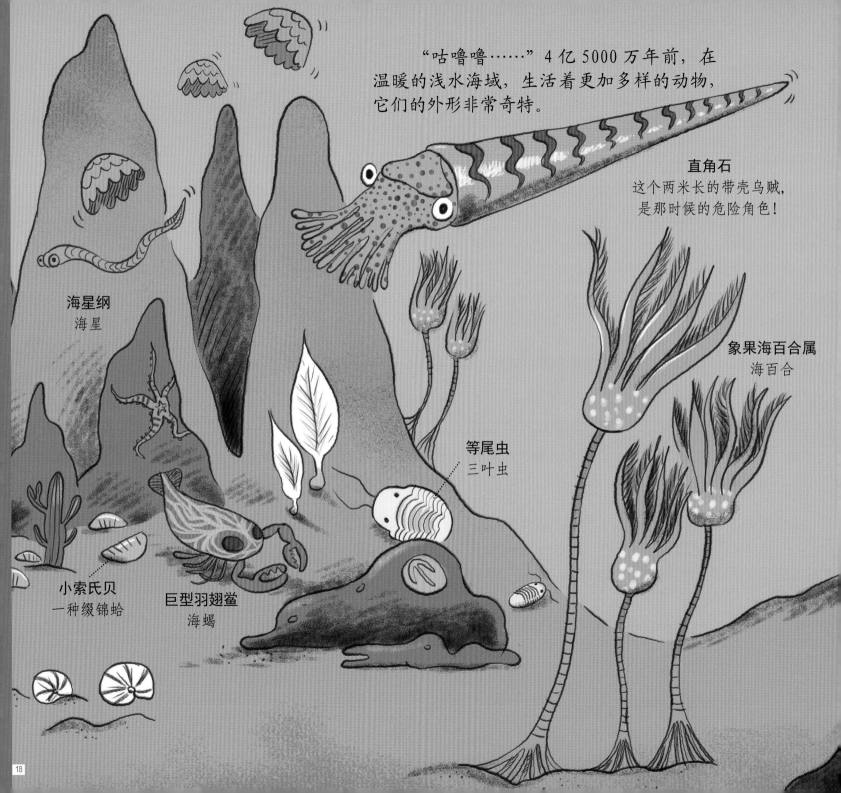

"咕噜噜……" 4 亿 5000 万年前，在温暖的浅水海域，生活着更加多样的动物，它们的外形非常奇特。

直角石
这个两米长的带壳乌贼，是那时候的危险角色！

海星纲
海星

象果海百合属
海百合

等尾虫
三叶虫

小索氏贝
一种缀锦蛤

巨型羽翅鲎
海蝎

牙形虫

水母

鹦鹉螺

原始珊瑚

萨卡班甲鱼是最古老的鱼类之一，它们没有上下颌骨，也没有鳍，藏匿在淤泥里。

海洋里生机勃勃，那么陆地上呢？还需要等待。4亿3000万年前：植物和动物，终于离开水，先后来到了陆地……

各种各样的苔藓植物，被水流推动着，停靠在海岸边，生长了起来。

新的植物出现了：它们有了可以抓紧土壤的根。

在这片覆盖着绿色植被的地方，很快就爬满了小虫子：蜘蛛、弹尾虫、衣鱼虫……其实，即使到了今天，它们的后代还会出现在你家里面呢！

是谁在这儿游泳呢？这是提塔利克鱼。它有着类似鳄鱼的扁平头部，身体覆盖着鳞片，能像鱼一样在水中呼吸。

令人惊讶的是：提塔利克鱼也能直接在空气中呼吸！3亿7500万年前，提塔利克鱼用自己强壮的鳍爬上陆峭的海岸，成为第一个脱离水生活的大型动物。它迈出的一小步，是生命进化史上一次巨大的飞跃。

地球上的生命开始呈现出欣欣向荣的景象。5000 万年之后，所有生物都长得硕大无比！种子的出现让植物得以遍布整个地球。这就是最原始的森林的样子……

节胸蜈蚣
身体有一辆汽车
那么长的千足虫

有翅膀的昆虫出现了。
"嗡嗡嗡……"这只硕大的巨脉蜻蜓发出巨大的噪音，仿佛一架直升机。

古蕨树
有的能长到15层楼
那么高

广翅鲎
巨型海蝎

巨型蝎子
身体有你的腿那么长

两栖动物，在陆地上捕食、在水中产卵，它们的数量依然是最多的。但这一时期出现了一类新的动物：爬行动物。它们将统治地球很长一段时间，因为拥有了一项了不起的发明：硬壳卵！

　　小林蜥身长 20 厘米，它是我们已知的世界上最早出现的爬行动物。你瞧，它正在陆地上产卵呢！

原水蝎螈
巨型两栖动物

两栖动物需要生活在河流附近。然而，
爬行动物很少喝水，也不再需要在水中繁殖，
所以很快，它们就要到内陆去探险啦！

两栖动物的
透明卵胶袋

2亿5000万年前，气候更加炎热，也更加干燥。爬行动物侵入了当时唯一的一块大陆——广袤无垠的盘古大陆。

爬行哺乳动物也生活在这个时期。它们或许已经有了毛发，并且采用哺乳的方式喂养自己的幼崽！

此刻正在发生一场爬行动物之间的战争：
一头狼蜥兽杀死了一只盾甲龙——乌龟的远祖。

德维纳兽的外形跟
今天的狗很像，它也是
一种爬行哺乳动物。

各种生物似乎都在地球上安顿下来了。然而，渐渐地，地球摇晃起来，剧烈的火山喷发让整个世界变成一个地狱！百分之九十的动物和植物物种都在这场大灾难中灭绝了。

火山不断地喷吐着岩浆和灰烬，这样一直持续了 50 万年。空气中充满了毒气，植物和动物大多数都窒息而亡了……

海底也释放出一种致命的气体，只有红藻存活了下来，它们把大海染成了粉红色。生命的故事就此完结了吗？

艾克萨瑞齿兽

艾雷拉龙
恐龙

伊奥卓玛龙
恐龙

始盗龙
恐龙

　　没有！2000万年后，极少数幸存下来的爬行动物开始壮大了起来，重新遍布了全球。它们之中，出现了一个新的族群：恐龙。

异平齿龙

帝鳄

为什么说是新的族群呢？因为它们的四肢直立在身体下方，这样，捕食更加方便，遇到危险时也更容易逃脱！

滥食龙
恐龙

在下一个地质时期侏罗纪里，恐龙的种类更加多样，一些恐龙的体形非常巨大。相比之下，弗鲁塔掘兽真的是小得可怜！

圆顶龙
身体有一节火车车厢那么长

梁龙
体长 30 米

异特龙
重达 3 吨的肉食恐龙

到处都生长着银杏树。
这种树一直存活至今!

迷惑龙
有 6 头大象那么重

弗鲁塔掘兽

我们潜到水下去看看？那时候的海洋要比今天的海洋广阔得多，巨型爬行动物在海里游荡。你看那头可怕的滑齿龙，它的牙齿跟你的手臂一样长！

薄板龙

菊石

滑齿龙

飞行爬行动物称
霸天空，比如这些喙
嘴翼龙。

箭石

大眼龙鱼

史前鲨鱼

咸水鳄

后来，进入了白垩纪，恐龙仍然是地球上的霸主。你非常熟悉的一些事物，也都起源于这个时期……大陆板块逐渐形成了：地球开始接近你所熟悉的样子。

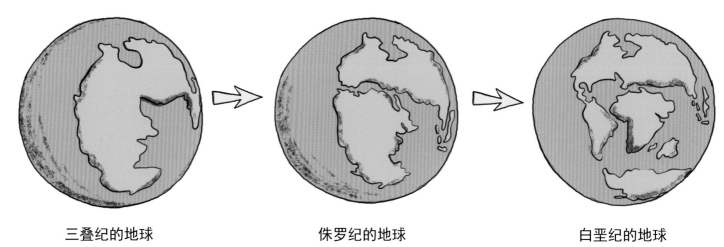

三叠纪的地球　　　　　　　　侏罗纪的地球　　　　　　　　白垩纪的地球

地球上有了花，也出现了围绕着花朵生存的昆虫，比如蜜蜂。

一小部分的恐龙衍生出了鸟类。

哺乳动物就更加普遍了。你看，这头切齿龙爬兽刚刚捕到了一只恐龙宝宝。

然而，整个世界还是被恐龙霸占着！地球上生活着各种各样的恐龙，它们形态迥异……

青岛龙

牛角龙

似鹅鹕龙

阿马加龙

始暴龙

在白垩纪，体形最大的飞行类动物——风神翼龙，有一架小型飞机那么大。

6500万年前，灾难又一次降临！海洋爬行动物、飞行爬行动物以及所有的恐龙都消失了……到底发生了什么？

地球上的巨型火山群进入了活跃期，然后，一颗巨大的陨星坠落到了地球上。火山灰和撞击引起的灰尘遮住了太阳。

植物全都死掉了。于是，以植物为食的动物也死了。然后轮到食肉动物，它们靠捕食食草动物为生，所以也都饿死了。恐龙也随之灭绝！

哺乳动物因为体形较小，幸存了下来。终于，轮到它们来统治地球啦！那时候的地球重新被热带雨林覆盖，哺乳动物们在林中穿行。

这两只分别是达尔文麦塞尔猴和高帝纳猴，它们都是非常古老的灵长目动物。它们的手有五根手指，能够抓握东西，就跟你的手一样！

始祖马，就是马的祖先，它正在被一只冠恐鸟猎杀。这种鸟又被叫做"恐怖鸟"，非常具有攻击性。

这只长鼻跳鼠居住在大树根部的缝隙之间。

每块大陆都有自己特有的动物。在非洲，大约 3400 万年前，古老的灵长目动物进化成了最早的接近现代的猴子。

猴子们在丛林中群居而生。这样，它们就会有更多机会发觉天敌，从而脱离危险。

猴子妈妈一次只能生一只猴宝宝。她会一直照顾猴宝宝直到它长大。这样，小猴子存活下来的机会更大。

气候重新变得炎热了……之前茂密的森林不见了，取而代之的是大片大片的稀树草原。2500万年前，这里生活着一些体形巨大的动物，比如巨犀，它的身体高达8米，是有史以来最大的哺乳动物。

小心，这里有一头安氏中兽！这种凶猛的野兽跟北极熊的体形相当，能袭击个头更大的爪兽科动物。爪兽科动物行动缓慢，也没有自卫能力。

鬣齿兽，有一头犀牛那么大。
一定要当心它的大尖牙！

猎虎，是一种猫科动物，长着
像长刀一样的牙齿，跟今天的老虎
体形相当。

哦，对了，哺乳动物一直都是产卵的吗？不，到了这个时期，它们不再产卵了！

在恐龙时代的末期，一种新的哺乳动物——有袋类动物开始直接生产体形非常小的幼崽。

有袋类动物的新生儿会爬进妈妈的育儿袋里，吮吸位于袋内的乳头，在袋里慢慢发育长大。

另一种"模式"的哺乳动物——有胎盘类哺乳动物也出现了，它们的宝宝直接在妈妈的肚子里孕育长大。

从此以后，就再也没有卵生哺乳动物了！在很长的一段时期里，有袋类哺乳动物和有胎盘类哺乳动物共同生活在同一片区域。

今天，在澳大利亚，像考拉和袋鼠那样的有袋类哺乳动物依然很多。

而在世界的其他地方，有胎盘类哺乳动物成为了主流。你也是在妈妈的肚子里孕育长大的，所以你也是其中的一员呢！

我们再次回到非洲，回到 700 万年前。这个绰号叫图迈的动物，是一种非常独特的灵长目动物……

从外形上看，图迈同时呈现出黑猩猩和人类的特征，有点儿介于两者之间。我们把它叫做类人猿。

图迈已经能像我们今天的人类一样直立行走，但只能走一小段距离。

400万年后，在非洲东部生活着一群能够直立行走的南方古猿。它们就更加接近人类了。

这是一只年轻的雌性南方古猿，发现它骸骨的科学家们为它取了一个名字：露西。

用双腿行走，双手便可以用来携带一些东西，长途行走也就没那么累了……尽管如此，南方古猿走起路来还是没有你这么自如。

还有一个好处：双腿直立起来，就能发现更远处存在着的危险！

50万年过去了，南方古猿一直生活在这个地方。但这里又出现了另一个非常特别的灵长目族群——能人。你瞧，他们已经开始制作工具了！

能人不打猎，只吃已经死掉的动物的尸体。为了分切动物的肉，他们用一块卵石不断地撞击另一块卵石，最后打磨出一块锋利的石片。

　　尽管能人仍然会爬到树上栖息，但也懂得用树枝搭建窝棚。夹杂着手势，他们或许已经会用一种非常简单的语言来交流了。

又过了 50 万年，出现了一种体形跟我们一样大的新的人类——匠人，他们不再爬到树上栖息，而且能捕杀大型动物。他们还发现了火……

当雷电引起一场大火时，他们懂得从中取出火种，并保护它一直不熄灭。

一代又一代的匠人，追随着
猎物，最终离开非洲，来到了亚
洲，成为了最早的直立人。

匠人已经能制作更加复杂的
工具了，比如这些两面加工石器。

等一下……火的出现带来的改变，你都能想到哪些呢？

好香啊！熟的肉和蔬菜更加美味，也更容易消化。

用火焰将长矛的尖头烧硬之后，长矛就成了更加厉害的武器。

火把能吓跑猛兽，还能照亮幽暗的山洞，从此不用再怕黑了！

因为火能取暖，人们就可以去占领一些新的地区，在寒冷的地方生活。

夜晚的生活变得有趣起来！人们聊天、讲故事……部落更加团结了。

击石取火

人类终于发现了如何人工取火，这是一个巨大的进步。

钻木取火

迄今为止，我们已经找到了许多个用火的痕迹——灰烬堆，最早的可以追溯到大约40万年前。

哎呀……地球的气候又再次变得寒冷。在那个时期，欧洲地区被海洋和巨大的冰山隔绝了起来，成为孤独的大陆。这里是尼安德特人的世界，他们个子不高，却相当强壮。

尼安德特人会照顾家族里的病人和伤者。他们是第一种开始埋葬死者的史前人类。已发现的最早的墓穴，可以追溯到10万年前。

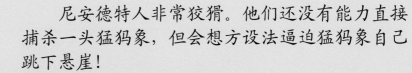

尼安德特人非常狡猾。他们还没有能力直接捕杀一头猛犸象，但会想方设法逼迫猛犸象自己跳下悬崖！

　　在长达 1 万年的时间里，与尼安德特人同期，还生活着另一种史前人类：智人。

　　出现在欧洲大陆的智人也被叫做克罗马农人。这种非常聪明的人类已经能够制作一些比较精致的物品：各种工具、首饰、乐器……克罗马农人还在山洞的岩壁上作画，创造出了艺术！

3万年前，尼安德特人灭绝了，原因至今不明。很快，地球上便只剩下了一种人类：智人。我们也属于智人。

在长达几万年的时间里，人类都是居无定所的。随着季节更替，追随着猎物四处迁徙。

后来，他们学会了种植农作物和饲养动物。不再需要为了食物而一直漂泊了，这是人类的一个重大转折点！

牢固的茅屋取代了用兽皮搭的窝棚，形成了原始村落，就像这里。在很久以后，这个村落或许会发展成一座城市。

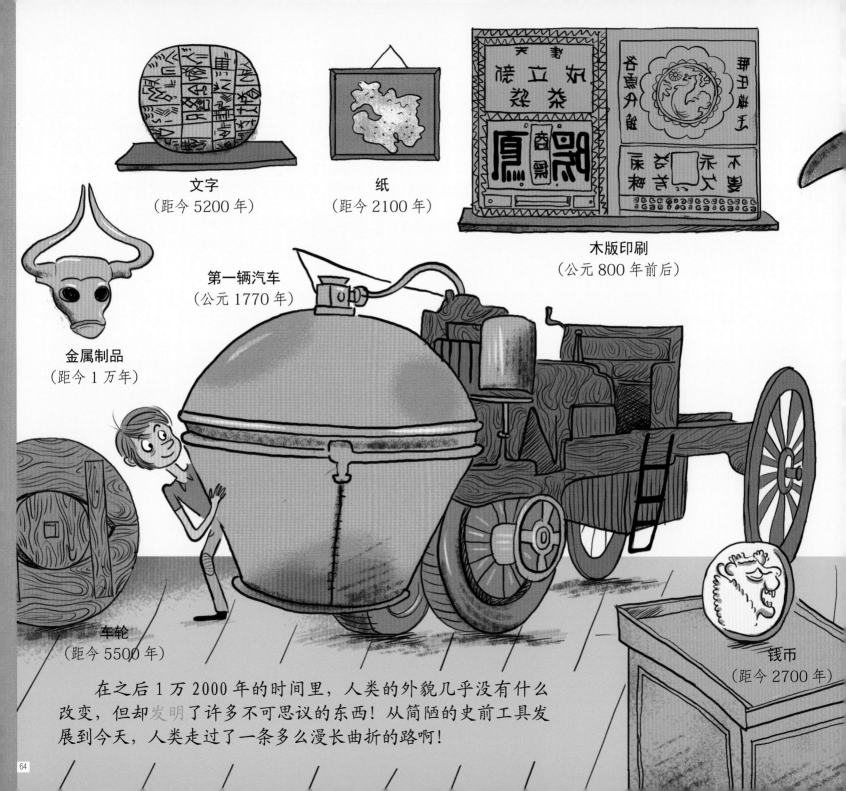

文字
（距今 5200 年）

纸
（距今 2100 年）

木版印刷
（公元 800 年前后）

金属制品
（距今 1 万年）

第一辆汽车
（公元 1770 年）

车轮
（距今 5500 年）

钱币
（距今 2700 年）

在之后 1 万 2000 年的时间里，人类的外貌几乎没有什么改变，但却发明了许多不可思议的东西！从简陋的史前工具发展到今天，人类走过了一条多么漫长曲折的路啊！

第一架飞机
（公元 1890 年）

第一台家用电冰箱
（公元 1930 年）

第一只电灯泡
（公元 1879 年）

第一台个人电脑
（20 世纪 70 年代）

苹果
电脑

第一辆自行车
（公元 1818 年）

试想如果没有这些发明，我们
今天的生活将会是怎样的景象……

65

时间继续向前推进，人类开始学会保养身体。为了保持身体健康和延长人类寿命，医生们发明了一些新的技术和更加完善的治疗方法。如今，人类的寿命是尼安德特人的两倍左右呢！

药品

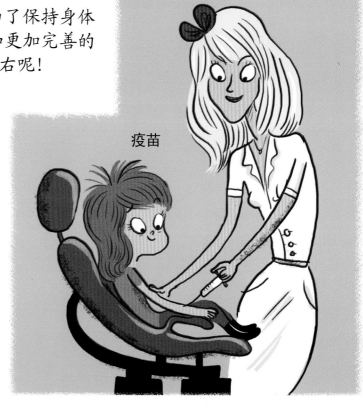

疫苗

输血

清理伤口

牙医学

X 射线透视检查

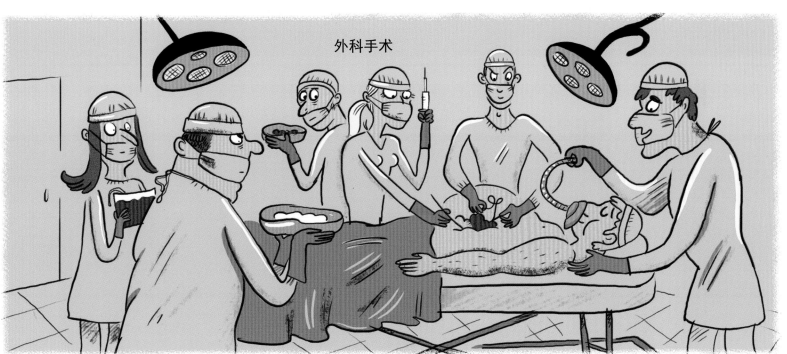

外科手术

不管怎样，智人依然属于众多生物中的一种……

你的身体本身就在讲述着生物进化的历史。

还有一些有趣的事情，比如尾骨，它是我们的猴子祖先的尾巴退化后留下的。

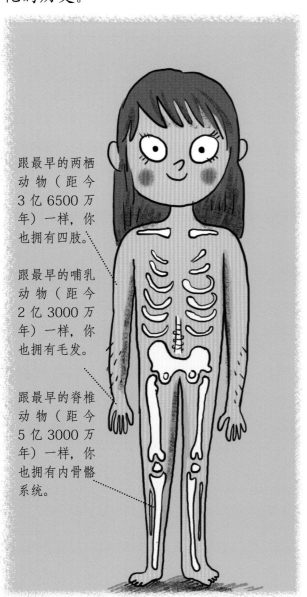

跟最早的两栖动物（距今3亿6500万年）一样，你也拥有四肢。

跟最早的哺乳动物（距今2亿3000万年）一样，你也拥有毛发。

跟最早的脊椎动物（距今5亿3000万年）一样，你也拥有内骨骼系统。

鸡皮疙瘩的作用是让汗毛竖起，从而隔绝空气让身体保暖。虽然你的毛发已经没有祖先们的那么多了，可是鸡皮疙瘩的生理反应一直都在！

跟所有的哺乳动物一样，每个人都有一个爸爸和一个妈妈。妈妈在她的肚子里孕育了你，肚脐就是这个过程留给你的一个"纪念品"。

人类发育成熟，生养孩子，然后自己变老……最后死亡。然而，构成人类身体的粒子不会消失，它们将会转化成其他物质。

注意！虽然人类统治地球的时间并不长，但是地球已经遭到了破坏。人类制造污染、砍伐森林，大量的植物和动物已经从地球上消失了。这是第一次，一个单独的物种威胁到整个星球的生态平衡……

未来，会发生什么呢？你的下下下下一代的样貌会发生改变吗？
会不会有另一个物种取代他们统治地球呢？
他们会搬到另一颗星球上居住吗？
我们可以尽情想象……

生命的大冒险，还在继续！

地球								
水下								
植物								
昆虫 和小虫子								
哺乳动物								
爬行动物 和恐龙								

46 亿年前
地球诞生

地球上出现了水

35 亿年前
出现了生命

5 亿 7000 万年前
出现了最早的肉眼能见的动物

出现水母

最早的鱼

最早的陆生植物

最早的陆生动物

3 亿 7500 万年前
最早的有鳍鱼类

第一颗种子

最早的爬行动物

第一颗硬壳卵

出现蜻蜓

三叠纪的地球

2 亿 3000 万年前
最早的恐龙

在这个时间轴上，年代的间隔距离并不完全符合真实的
时间长度的比例。若按照真实的比例，仅仅水下生命的进化
几乎就会占满这一整页啦！

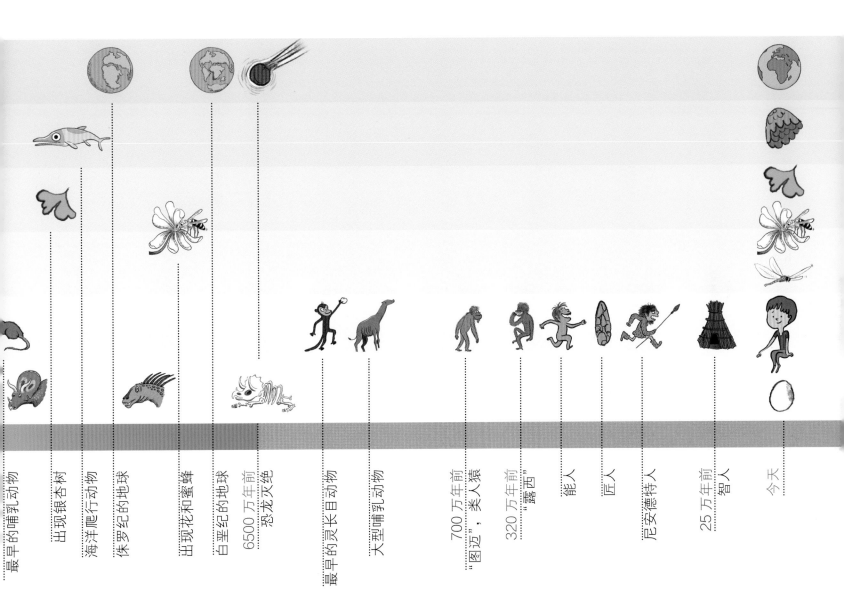

最早的哺乳动物

出现银杏树

海洋爬行动物

侏罗纪的地球

出现花和蜜蜂

白垩纪的地球

6500万年前
恐龙灭绝

最早的灵长目动物

大型哺乳动物

700万年前
"图迈"，类人猿

320万年前
"露西"

能人

匠人

尼安德特人

25万年前
智人

今天

小朋友，你就在这里，处在 21 世纪的开端。你和你周围的一切生命，都是经过一段很长很长的历史才进化出来的！

75

图书在版编目（CIP）数据

生命 · 从大爆炸到今天 ／（法）史黛芬妮·勒迪文 ；（法）卡洛琳娜·于埃图 ；陈邻竹译 . — 北京：北京时代华文书局，2016.4（2024.6 重印）

ISBN 978-7-5699-1421-4

Ⅰ．①生… Ⅱ．①史… ②卡… ③陈… Ⅲ．①生命科学－通俗读物 Ⅳ．① Q1-0

中国版本图书馆 CIP 数据核字 (2017) 第 039498 号

北京市版权著作权合同登记号　图字：01-2024-3135 号

本书简体字版由北京阿卡狄亚文化传播有限公司版权引进并授予北京时代华文书局有限公司在中华人民共和国出版发行。

L'histoire de la vie, du big bang jusqu'à toi © Editions Milan, France, 2013
Simplified Chinese translation rights © 2017 by Beijing Arcadia Culture Communication Co.,Ltd.

SHENGMING CONG DABAOZHA DAO JINTIAN

出 版 人 | 陈　涛
选题策划 | 阿卡狄亚童书馆
责任编辑 | 许日春
特约编辑 | 张　蕾
装帧设计 | 阿卡狄亚·王晶　张侨玲
责任印制 | 訾　敬

出版发行 | 北京时代华文书局 http://www.bjsdsj.com.cn
　　　　　北京市东城区安定门外大街 138 号皇城国际大厦 A 座 8 层
　　　　　邮编：100011 电话：010-64263661　64261528
印　　刷 | 小森印刷（北京）有限公司　010-80215076
开　　本 | 889mm×1010mm　1/16　印　张 | 5
成品尺寸 | 240mm×210mm
字　　数 | 75 千字
版　　次 | 2017 年 7 月第 1 版
印　　次 | 2024 年 6 月第 9 次印刷
定　　价 | 49.80 元